BEI GRIN MACHT SICH IHR WISSEN BEZAHLT

- Wir veröffentlichen Ihre Hausarbeit, Bachelor- und Masterarbeit

- Ihr eigenes eBook und Buch - weltweit in allen wichtigen Shops

- Verdienen Sie an jedem Verkauf

Jetzt bei www.GRIN.com hochladen und kostenlos publizieren

Karen Heidermann

Jüngere Entwicklungstendenzen des Weltflugverkehrs

GRIN Verlag

Bibliografische Information der Deutschen Nationalbibliothek:

Die Deutsche Bibliothek verzeichnet diese Publikation in der Deutschen National-
bibliografie; detaillierte bibliografische Daten sind im Internet über http://dnb.d-
nb.de/ abrufbar.

Impressum:

Copyright © 2008 GRIN Verlag GmbH
Druck und Bindung: Books on Demand GmbH, Norderstedt Germany
ISBN: 978-3-640-28265-4

Dieses Buch bei GRIN:

http://www.grin.com/de/e-book/122467/juengere-entwicklungstendenzen-des-
weltflugverkehrs

GRIN - Your knowledge has value

Der GRIN Verlag publiziert seit 1998 wissenschaftliche Arbeiten von Studenten, Hochschullehrern und anderen Akademikern als eBook und gedrucktes Buch. Die Verlagswebsite www.grin.com ist die ideale Plattform zur Veröffentlichung von Hausarbeiten, Abschlussarbeiten, wissenschaftlichen Aufsätzen, Dissertationen und Fachbüchern.

Besuchen Sie uns im Internet:

http://www.grin.com/

http://www.facebook.com/grincom

http://www.twitter.com/grin_com

Jüngere Entwicklungstendenzen des Weltflugverkehrs

Seminararbeit

Vorgelegt von Karen Heidermann

Oberseminar „Globalisierung und Verkehr"
Wintersemester 2008/2009

Geographisches Institut der Universität zu Köln
Erftstadt, den 20.10.2008

Gliederung

1. Einleitung

Wer heutzutage einen Flug bucht, muss damit rechnen, mit SAS zu fliegen, obwohl er Lufthansa gebucht hat. Flüge sind schon ab einem Euro erhältlich und über das Internet einfach zu buchen. Verpflegung auf Kurzstreckenflügen gehört längst der Vergangenheit an und wieso nicht bequem online einchecken, statt am Check-In-Schalter Schlange zu stehen?

Dies sind nur einige der Phänomene, die durch die Entwicklungen der Luftverkehrsbranche, von globalen Allianzen über Low-Cost-Carrier bis hin zu Hub-and-Spoke Verbindungen, seit den 1990er Jahren hervorgerufen wurden.

Die vorliegende Arbeit stellt zunächst die allgemeine Entwicklung des weltweiten Luftverkehrs während der letzten 20 Jahre dar.

Im zweiten Teil werden dann spezielle Entwicklungen erläutert, wovon zwei wesentliche Entwicklungen im dritten Teil anhand von Fallbeispielen erneut aufgegriffen werden.

In der Schlussbetrachtung wird ein kurzer Blick auf die zukünftige Entwicklung der Branche geworfen.

2. Allgemeine Entwicklung des weltweiten Luftverkehrs

Die Luftverkehrsbranche ist ein durch starkes Wachstum gekennzeichneter Wirtschaftszweig. Während die ersten Jahre des 21. Jahrhunderts durch Krisen (Terroranschläge in den USA, SARS, Golfkrieg, allgemeine Schwäche der Weltkonjunktur) gekennzeichnet waren, die deutliche Auswirkungen auf den Luftverkehr hatten, befindet sich die Branche seit 2004/2005 wieder auf Wachstumskurs (HEYMANN 2004: 4). Abbildung 1 stellt die Entwicklung des internationalen Luftverkehrs ab 1970 in geflogenen Passagierkilometern dar und prognostiziert einen Anstieg zwischen 2005 und 2024 um 4,8%.

Während Airlines, die Mitglied der International Air Transport Association (IATA) sind, zwischen 2001 und 2003 einen Verlust an Passagieren um 5% verzeichneten, steigen die Passagierzahlen seit 2004 wieder an (HEYMANN 2004: 4; FELDHOFF 2007: 28).

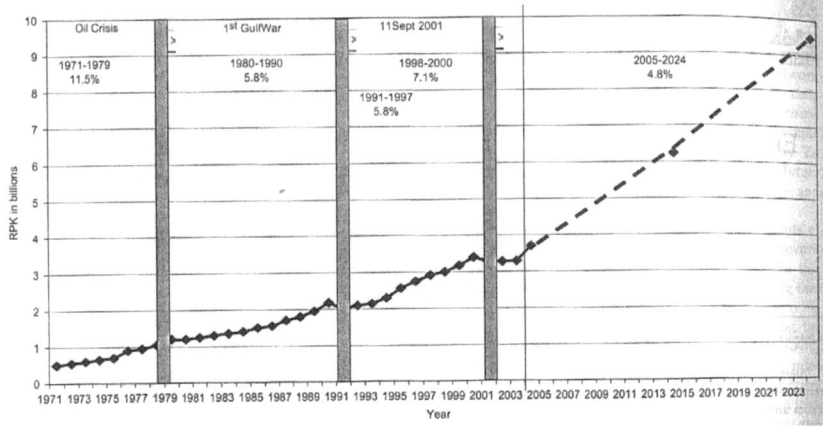

Abb. 1: Entwicklung und Prognose des internationalen Flugverkehrs
(SCHEELHAASE & GRIMME 2007: 254; Quelle: Boeing 2005)

Begründet wird das Wachstum vor allem in vier Punkten:

- Globalisierung, die ohne den internationalen Luftverkehr nicht denkbar wäre
- Die Erschließung von wirtschaftlich aufstrebenden Regionen wie Asien und Osteuropa
- Die Liberalisierung der Branche, die mehr Wettbewerb ermöglicht und somit für niedrigere Ticketpreise sorgt
- Die expandierende Low-Cost-Carrier Branche, die neue Zielgruppen anspricht (HEYMANN 2004: 6 f.; FELDHOFF 2007: 28).

Weltweit agieren über 120 Linienflugunternehmen, von denen ungefähr ein Viertel internationale Routen fliegen. Abbildung 2 gibt einen Überblick über die 20 größten Linienfluggesellschaften und ihre Transportleistung, wobei American Airlines mit 193,1 Mio. Passagierkilometern den Markt anführt (NUHN & HESSE 2006: 150).

Trotz der steigenden Passagierzahlen, die auch mittel- bis langfristig prognostiziert werden, hat die Luftverkehrsbranche mit wirtschaftlichen Schwierigkeiten zu kämpfen. 2005 verzeichnete die Branche einen Gesamtverlust von 3,2 Mrd. US$ (FELDHOFF 2007: 29). Die Gründe hierfür liegen zum einen bei den Krisenereignissen, die neben den Einbußen durch Rückgang der Passagierzahlen

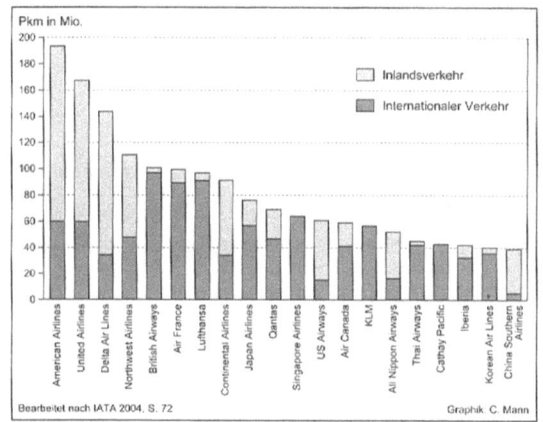

Abb. 2: Die Transportleistung
der 20 größten Airlines
(NUHN & HESSE 2007: 150)

auch die Kosten für Versicherungsprämien und Sicherheitsmaßnahmen ansteigen ließen (HEYMANN 2004: 5). Zum Anderen sind der stetig steigende Kerosinpreis, Überangebote und die durch die Liberalisierung der Branche steigende Konkurrenz für die wirtschaftlichen Schwierigkeiten der Branche verantwortlich (FELDHOFF 2007: 29).

Die Luftfrachtbranche ist ebenfalls durch ein stetiges Wachstum gekennzeichnet. Zwischen 1986 und 2000 ist das Luftfrachtaufkommen von 5,1 Mio t. auf 17,9 Mio t. angestiegen. Boeing schätzt das Wachstum bis 2020 auf jährlich 6,4%. Unter den Fluggesellschaften ist seit dem Zusammenschluss von Air France und KLM nicht mehr Lufthansa Cargo der Marktführer im Luftfrachtgeschäft. Zieht man die reinen Luftfrachtspeditionen in die Betrachtung mit ein, führte FedEx im Jahre 2002 den Markt mit ungefähr 13.000 Mio Fracht TKT[1] an (NEIBERGER 2003: 199, 204; NUHN & HESSE 2006: 153). Auf die Entwicklungen in der Luftfrachtbranche wird im weiteren Verlauf der Arbeit nicht näher eingegangen.

3. Spezielle Entwicklungen des weltweiten Luftverkehrs

Der Luftverkehr ist ein sehr dynamischer Sektor. Dies zeigen die zahlreichen Entwicklungen, die während der letzten 20 Jahre stattgefunden haben. Erst die Liberalisierung der Luftverkehrsbranche ermöglichte den Großteil dieser Entwicklungen, welche in den folgenden Unterkapiteln näher beleuchtet werden.

---

[1] Maß für die Beförderungsleistung im Frachtverkehr (Ton Kilometers Transported)

3.1 Die Liberalisierung der Luftverkehrsbranche

Die Luftverkehrsbranche war lange Zeit weltweit einer der am stärksten regulierten Wirtschaftssektoren. Erst in den 1970er Jahren machten wirtschaftliche Schwierigkeiten eine Liberalisierung der Branche unumgänglich (OECHSLE 2005: 50). Die Liberalisierung, die zunächst in den USA einsetzte und später in Europa, betrifft sowohl Fluggesellschaften, als auch die Flughäfen (FELDHOFF 2007: 34). Der EU-Luftverkehr ist seit 1997 vollständig liberalisiert (HEYMANN 2004: 13). Trotz fortgeschrittener Liberalisierung der Luftverkehrsmärkte der EU und der USA, ist der Großteil der Branche, der interkontinentale Flugverkehr, noch weitestgehend reguliert. Der internationale Luftverkehr basiert auf bilateralen Abkommen, die die Bedingungen der Flüge zwischen zwei Ländern festlegen.

Derzeit gibt es zwischen den USA und der EU Verhandlungen über ein gemeinsames „Open Sky"-Abkommen. „Ziel der EU-Kommission ist es, zwischen den USA und der EU einen freien Marktzugang für die Fluggesellschaften ohne Beschränkungen der Relationen, der Kapazitäten und der Frequenzen zu etablieren." (HEYMANN 2004: 14). Solch ein Abkommen wäre ein erster Schritt in Richtung „Globaler Open Sky", was nach Heymann jedoch eher ein langfristiges Ziel wäre. Probleme würden dabei in schwächer entwickelten Ländern auftreten, deren Airlines in einem völlig freien Wettbewerb nicht bestehen könnten. Die Region Asien-Pazifik ist ebenfalls bis heute weitestgehend reguliert, da ein starkes Konkurrenzdenken der Länder untereinander und große sozioökonomische sowie politische Disparitäten einem gemeinsamen Luftraum entgegenstehen (HEYMANN 2004: 15; FELDHOFF 2007: 34).

Die Liberalisierung im Luftverkehr ist die Grundlage für zahlreiche Entwicklungen, die in den folgenden Kapiteln näher beschrieben werden.

3.2 Strategische Allianzen

Seit gut einem Jahrzehnt agieren die Netzwerk-Carrier des weltweiten Luftverkehrs nicht mehr als einzelne Airlines, sondern in Bündnissen, den sogenannten strategischen Allianzen. Die Airlines einer Allianz kooperieren auf verschiedenen Ebenen miteinander: im Vertrieb, im Marketing, im Kundenservice und auch im technischen Bereich (FELDHOFF 2007: 30). Ein zentrales Instrument der strategischen Allianzen ist das Codesharing. Beim Codesharing führen zwei oder mehrere Airlines einen Flug gemeinsam durch, verwalten diesen aber jeweils unter einer eigenen Flugnummer. Neben der Netzausweitung und –vertiefung und somit weltweiten Marktpräsenz ist die gemeinsame Erschließung von Wachstumsmärkten, allen voran China, ein weiteres Ziel der strategischen Allianzen (EHMER & BERSTER 2002: 185 f.; FELDHOFF 2007: 30 f.; HEYMANN 2004: 9).

1994 gab es bereits 280 Allianzen, die bis 1999 auf insgesamt 513 Allianzen anstiegen. 1997 wurde mit der Star Alliance die erste globale Allianz ins Leben gerufen, bestehend aus Lufthansa, United Airlines, SAS, Air Canada und Thai Airways International. Heute führt die Star Alliance den Markt mit über 20 Mitgliedern an (FELDHOFF 2007: 31; NUHN 2007: 9). Ihr folgten 1999 die Allianz One World, zu der u.a. British Airways und Cathay Pacific gehören und 2004 Sky Team mit u.a. Air France und KLM. Diese drei größten Bündnisse machen heute über 70% der Passagierflugleistungen unter sich aus (NUHN 2007: 9).

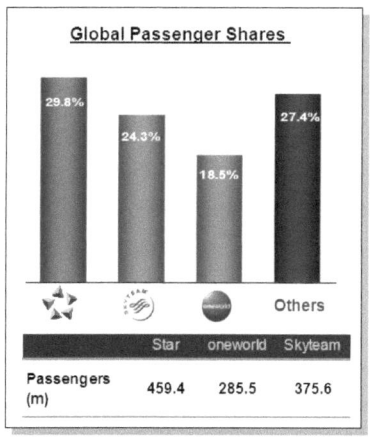

Abb. 3: Anteile der globalen Airlines am Passagieraufkommen (Star Alliance 2008: 5)

Vorteile bieten strategische Allianzen vor allem aus betriebswirtschaftlicher Sicht. In der Fachliteratur wird von den sogenannten „economies of scale", „economies of scope", „economies of density", also Größenvorteilen, Verbundvorteilen, Dichtevorteilen und zuletzt Vorteilen bei betriebsabhängigen Kostengrößen gesprochen (EHMER & BERSTER 2002: 187). Das Streckennetz der einzelnen Airlines vergrößert sich durch die Übernahme von Angeboten der Allianzpartner enorm. Die Allianzen können zeitlich aufeinander abgestimmte Flugverbindungen an Hub-

Flughäfen anbieten, wovon letztendlich der Kunde profitiert (FELDHOFF 2007: 30; OECHSLE 2005: 55). Zukünftig werden einige Anforderungen auf die Allianzen im Weltflugverkehr zukommen. Wie schon beschrieben steht die Erschließung Chinas im Fokus der Allianzen. Hier haben die asiatischen Airlines allerdings ebenfalls Interesse, so dass europäische Airlines in Zukunft wohl eher Marktanteile einbüßen werden (FELDHOFF 2007: 31). Die Koordination innerhalb der Allianzen stellt bei zunehmender Zahl der Mitglieder eine Herausforderung dar. Von den Aufsichtsbehörden in den Vereinigten Staaten von Amerika und in Europa werden Allianzen geduldet, da zur Zeit noch die Vorteile für den Kunden überwiegen. Aus wettbewerbspolitischer Sicht schränken sie jedoch den Wettbewerb auf dem Weltflugmarkt erheblich ein, so dass hier in Zukunft ebenfalls Probleme auftauchen könnten (NUHN 2007: 9; HEYMANN 2004: 17 f.).

3.3 Hub-and-Spoke und Punkt-zu-Punkt Verbindungen

Im weltweiten Flugverkehr dominieren zwei Verkehrssysteme. Das Hub-and-Spoke System ist eng an die Luftfahrtallianzen geknüpft. Hier agiert der Luftverkehr über große Drehkreuzflughäfen (Hubs), an denen Umsteigemöglichkeiten bestehen, um die kleineren Flughäfen (Spokes) zu erreichen. Beim Punk-zu-Punkt Verkehr handelt es sich um Direktverbindungen zwischen zwei Flughäfen (HEYMANN 2006: 7).

Airbus bedient mit dem A380 eindeutig den Hub-and-Spoke Verkehr, während Boeing mit der mittelgroßen 787 eher auf Direktverbindungen setzt. Allerdings hat Boeing den Bau des Großraumflugzeugs 747-8 angekündigt, was auch darauf hindeutet, dass längerfristig von einer Weiterentwicklung des Drehkreuzverkehrs ausgegangen wird (FELDHOFF 2007: 33; HEYMANN 2006: 10).

Voraussichtlich werden beide Systeme in den nächsten Jahren wachsen. Punkt-zu-Punkt Verbindungen werden vorwiegend von den Low-Cost-Carriern in Anspruch genommen, während der Hub-and-Spoke Verkehr von den großen Netzwerk-Carriern bedient wird. Heymann geht von drei Entwicklungsschwerpunkten aus: Der Drehkreuzverkehr in Europa und Asien/Australien, bzw. die Verbindungen zwischen diesen Erdteilen werden zunehmen. Außerdem wird es ein Wachstum des Punkt-zu-Punkt Verkehrs zwischen Europa und den USA bzw. zwischen Asien und den USA geben. Als letztes sticht der Wachstumsmarkt Asien hervor (siehe Kapitel 3.6), wo beide Verkehrsarten zunehmen werden (HEYMANN 2006: 8 ff.).

Die Unterschiede in der Entwicklung liegen also nicht im unterschiedlichen Wachstum der beiden Verkehrssysteme, sondern eher in ihrer räumlichen Verbreitung.

3.4 Low-Cost-Carrier

Das Konzept der Low-Cost-Carrier (LCC) basiert auf der einfachen Annahme, dass Flugtickets nur dann günstiger angeboten werden können, wenn die Airlines gegenüber den etablierten Netzwerk-Carriern ihre Kosten senken können. Im angelsächsischen Raum werden Billigairlines auch treffenderweise als „No-Frills" bezeichnet, was soviel bedeutet wie „Kein Schnick-Schnack". Ein wesentliches Merkmal der LCC ist der fehlende Service. Keine oder wenig Bordverpflegung, Reservierung nur per Internet und mehr Fluggäste pro Crew-Mitglied sind einige Merkmale. Bei den Flugzeugen handelt es sich zumeist um eine standardisierte Flotte von kosteneffizienten Flugzeugen, so dass die Betriebskosten niedriger liegen als sie bei dem Führen mehrerer Flugzeugtypen liegen würden. Ein Großteil der von Billigairlines angeflogenen Flughäfen sind Sekundärflughäfen, bei denen Start- und Landeentgelte sowie Abfertigungsgebühren günstiger sind. Zudem wird die Flugzeit aller Flugzeuge erhöht und die Zeit zwischen Ankunft und Abflug, die sogenannte Turnaround-Zeit, minimiert, was nur durch den verminderten Service möglich ist. Es werden nur Punkt-zu-Punkt Verbindungen angeboten. Zudem werden die Personalkosten deutlich geringer gehalten als bei den etablierten Airlines (OECHSLE 2005: 60; DOBRUSZKES 2006: 250 f.). Dies sind nur einige der verschiedenen Methoden der LCC um ihre Kosten zu senken. Die Angebote der einzelnen Airlines fallen sehr heterogen aus, das heißt dass außer den Merkmalen niedriger Preis und Internetvertrieb kaum ein Merkmal auf alle LCC zutrifft (DLR & ADV 2008: 2).

Low-Cost-Carrier haben ihren Ursprung bereits in den 1970er Jahren mit der amerikanischen Fluggesellschaft Southwest Airlines (FELDHOFF 2007: 32). In Europa hat sich das Konzept der Billigairlines in den 1990er Jahren zunächst durch die irische Airline Ryanair verfestigt, welche später zahlreiche Nachahmer gefunden hat. Heute hat sich die Entwicklung der LCC auch den asiatischen Markt erreicht (HEYMANN 2004: 11 f.). Laut Dobruszkes gibt es drei Faktoren, die für die Entwicklung von Billigairlines ausschlaggebend waren:

1. Der Luftverkehr ist ein zyklischer Sektor, d.h. die Nachfrage verläuft parallel zu den Konjunkturzyklen

2. Preise sind für den Großteil der Bevölkerung der entscheidende Faktor bei der Wahl des Transportmittels

3. Die Liberalisierung im Luftfahrtsektor, welche die Gründung von Airlines erleichterte (DOBRUSZKES 2006: 249 f.).

Laut einer Studie des Deutschen Zentrums für Luft- und Raumfahrt und dem Flughafenverband ADV sind Anfang 2008 in Europa 36 Billigairlines aktiv, die einen Marktanteil von 24% aller Flüge erreichen (DLR & ADV 2008: 7 f.). Der größte europäische LCC ist Ryanair, auf die in einer Fallstudie in Kapitel 4.2 näher eingegangen wird.

Abbildung 4 gibt Aufschlüsse über die Entwicklung der LCC in Europa zwischen 1995 und 2004. Schwerpunktmäßig operieren die LCC in West- und Südeuropa. In Großbritannien ist der Anstieg des Angebots und das Verhältnis des Anstiegs der Low-Cost-Sitze zu allen Sitzen am größten, aber auch in allen anderen Ländern sind enorme Anstiege zu verzeichnen.

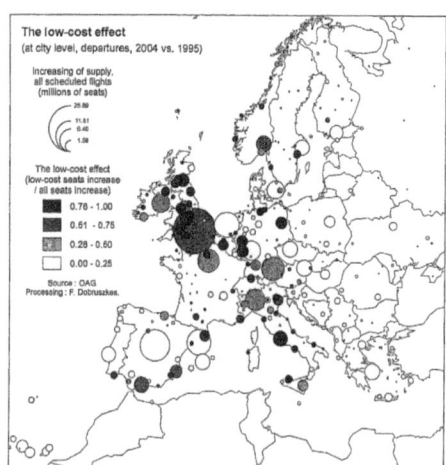

Abb. 4: Anstieg des LCC-Aufkommens in Europa (DOBRUZSKES 2006: 262)

Nord-Süd-Verbindungen überwiegen in Europa deutlich gegenüber Ost-West-Verbindungen. Die Verbindungen der Sekundärflughäfen mit den größeren Städten im Umkreis sind meistens schlecht, vor allem das Schienensystem ist nicht ausreichend entwickelt. Hierin besteht aber vor allem bei Inlandsverbindungen die Nische der LCC, denn schnelle Zugverbindungen würden eine Konkurrenz zu Inlandsflügen darstellen. So hat sich zum Beispiel in Frankreich, wo das TGV-Netz sehr gut ausgebaut ist und die Ticketpreise günstig sind, kein LCC entwickelt (DOBRUSZKES 2006: 254 ff.).

Viele der Regionalflughäfen hängen von den Billigairlines ab. Um dieser Abhängigkeit entgegenzuwirken, müssen verstärkt Ferienflieger und andere Airlines angesiedelt werden (OECHSLE 2005: 62).

Erhoffte Multiplikatoreffekte in der Umgebung der Regionalflughäfen durch deren Entwicklung sind nicht eingetreten (OECHSLE 2005: 62). Im Jahre 2005 prognostizierte Oechsle die Konsolidierung des Billigfliegermarktes für die nahe Zukunft. Während die Wachstumsrate des LCC Verkehrs in Deutschland im Jahre 2002 noch 360% betrug, lag sie ein Jahr später nur noch bei 83% und sank seitdem stetig auf 20,1% im Jahre 2007. Eine Konsolidierung des Marktes scheint also zumindest in Deutschland tatsächlich bald erreicht (DLR & ADV 2008: 14).

Laut Heymann werden sich zukünftig nur einige wenige LCC auf dem Markt halten können. Der starke Wettbewerb der LCC untereinander, mit den Netzwerk-Carriern und mit anderen Verkehrsmitteln führt zu Überkapazitäten, die wiederum zu Preissenkungen zwingen. Hierdurch wird es einigen Anbietern unmöglich, auf dem Markt zu bleiben (HEYMANN 2004: 12 f.).

Eine Expandierung in den Langstreckenflugverkehr wird nicht erwartet, da mit zunehmender Streckenlänge die Vorteile der LCC geringer ausfallen. LCC sparen den Großteil ihrer Kosten am Boden. Da der Aufenthalt am Boden bei Langstreckenflügen in Relation zu der Gesamtflugzeit abnimmt, fallen diese Kostenvorteile weniger ins Gewicht. Somit überwiegen die Wettbewerbsvorteile der Netzwerk-Carrier durch ihre strategischen Allianzen (SCHREIBER 2006: 161; FELDHOFF 2007: 33).

3.5 Entwicklungen der Flughäfen

Eigentümer der Flughäfen ist derzeit noch zum Großteil die öffentliche Hand. Die Leistungen am Flughafen sind vielfältig, sie umfassen Verkehrsinfrastrukturanbindungen, Start- und Landebahnsysteme, Terminals, Bodenverkehrsdienste, die zentrale Betriebsinfrastruktur, den Aviation-Bereich und den Non-Aviation-Bereich (VON HIRSCHHAUSEN et al. 2004: 19 f.).

Im Zuge der Liberalisierung der Luftverkehrsbranche hat der Wettbewerb unter den Flughäfen zugenommen. Die Flughäfen müssen sich günstig am Markt positionieren, was laut Feldhoff nur über ein professionelles Flughafenmanagement, ausreichende Betriebsflächen, Kooperationen mit Airlines, Umsatzsteigerungen im Non-Aviation-Bereich und günstige Lande- und Nutzungsgebühren erreicht werden kann (FELDHOFF 2007: 34). Um diesen Erfordernissen gerecht zu werden, ist ein privates Know-How nötig, so dass eine (Teil-)Privatisierung der Flughäfen durchaus sinnvoll erscheint (VON HIRSCHHAUSEN et al. 2004: 19 f.). Feldhoff nennt Public-Private-Partnerships als wichtiges Instrument bei der Entwicklung von Flughäfen (FELDHOFF 2007: 34).

In Deutschland sind bisher drei Flughäfen teilprivatisiert: Düsseldorf, Hamburg und Frankfurt. (VON HIRSCHHAUSEN et al. 2004: 19). Eigentümer sind oft global agierende Unternehmen, wie z.B. beim Flughafen Düsseldorf die Hochtief Airport GmbH. Diese Entwicklung der Flughäfen von staatlichen Einrichtungen zu gewinnorientierten Unternehmen lässt sich weltweit beobachten (VON HIRSCHHAUSEN et al. 2004: 23).

In Zukunft wird eine weitere Anpassung an das steigende Passagieraufkommen an den Flughäfen nötig sein durch Erweiterung der Start- und Landebahnen, Terminalausbau und den Anschluss an den Schienenverkehr, wie es z.B. in Deutschland durch die ICE-Verbindung Köln-Frankfurt geschehen ist, um so im nationalen und internationalen Wettbewerb mitzuhalten. Auch im Bereich der Flughäfen sind Ökologie und Nachhaltigkeit wesentliche Aspekte, die berücksichtigt werden müssen (MAYR 2003: 174 f.).

3.6 Wachstumsmarkt Ost- und Südostasien

Schon in den vorherigen Kapiteln wurde die Region Ost- und Südostasien im Rahmen der Entwicklungen des Weltluftverkehrs berücksichtigt. In diesem Kapitel soll sie noch einmal in den Fokus gerückt werden, da gerade diese wirtschaftliche aufstrebende Region in der Weltwirtschaft und die Globalisierung betreffend eine wichtige Rolle einnimmt.

Die herausragenden wirtschaftlichen und kulturellen Zentren in Ost- und Südostasien sind Tokio, Hongkong und Singapur. Um sich im transnationalen Wettbewerb behaupten zu können, ist ein sehr gutes Verkehrssystem erforderlich. So ist es nicht verwunderlich, dass diese drei Städte über die drei größten Flughäfen der Region verfügen (FELDHOFF 2002: 28; FELDHOFF 2007: 31). Aufstrebende Konkurrenz entsteht durch die durch starkes Wachstum gekennzeichneten Flughäfen von

Shanghai und Peking auf dem chinesischen Festland und Kuala Lumpur und Jakarta in Südostasien. Diese Standorte gelten als Wachstumskerne, da sie im internationalen Wettbewerb stehen und deren Entwicklung positive Effekte auf den Wohlstand der Region haben soll (FELDHOFF 2007: 31).

Ein Indiz für die schnelle Entwicklung der Region sind die 43 Low-Cost-Carrier, die laut Feldhoff im Jahre 2007 in der Region operierten, da diese erst der breiten Bevölkerung das Reisen ermöglichen (FELDHOFF 2007: 32).

Ein Problem ist, wie schon im Kapitel „Liberalisierung der Luftverkehrsbranche" erwähnt, die starke Konkurrenz zwischen den einzelnen Staaten in Asien. Der Wettbewerb zwischen den Flughäfen führt zu hohen Investitionen und zur Bindung von Kapital, welches dringend für andere Entwicklungen benötigt werden würde (FELDHOFF 2007: 35).

3.7 Flugverkehr und Klimaschutz

Flugzeuge emittieren verschiedene Gase, die einerseits die chemische Zusammensetzung der Atmosphäre und andererseits den Strahlungsantrieb der Atmosphäre verändern (SAUSEN 1999: 483). Die größte Bedeutung wird derzeit dem Kohlenstoffdioxid beigemessen, da der anthropogene CO_2-Ausstoß im Zuge der globalen Erwärmung ein häufig diskutiertes Thema ist.

Laut Scheelhaase und Grimme sind etwa 2,5% bis 3% des anthropogenen CO_2-Ausstoßes durch den Luftverkehr verursacht. Maßnahmen zur Minderung gibt es bis heute allerdings keine (SCHEELHAASE & GRIMME 2007: 253). Hier schlagen die Autoren zwei mögliche Wege vor, zum einen den Emissionsrechtehandel, der im Folgenden näher erläutert wird, und zum anderen die Erhebung von Gebühren auf den Ausstoß von ausgewählten Treibhausgasen. Beim Emissionsrechtehandel hat jedes Unternehmen ein bestimmtes Emissionsvolumen zur Verfügung. Wird mehr emittiert, können die Rechte dazu auf dem Markt erworben werden. Unternehmen, die weniger emittieren, können ihre Rechte auf dem Markt anbieten. Übertritt ein Unternehmen jedoch die ihm genehmigte Emissionsmenge, wird es mit einer Strafe belegt (Spiegel Online 2006). Auf EU-Ebene wird seit 2005 intensiv diskutiert, die Luftverkehrsbranche in das EU-ETS (European Emission Trading System) aufzunehmen, allerdings vorerst nur für den Ausstoß von CO_2. Die Integration in das System ist für 2011 geplant. Auf globaler Ebene stellt die Aufnahme des

Flugverkehrs in das Kyoto-Protokoll ein Ziel dar, welches eher mittel- bis langfristig anvisiert werden kann (SCHELLHAASE & GRIMME 2007: 254).

Zusätzlich sollte darauf geachtet werden, die CO_2-Emissionen so gering wie möglich zu halten, was durch eine Verbesserung der Triebwerkstechnologie, die Verringerung von Warteschleifen und die schnellere Abfertigung startbereiter Maschinen erreicht werden kann (MAYR 2003: 175).

Laut Mayr werden Flughäfen zumindest in Deutschland aus Sicht des Umweltschutzes selten thematisiert. 75% der Flughafenflächen sind Grünflächen und es wird eher eine Zunahme als Abnahme der Artenvielfalt beobachtet. Hier wird deutlich stärker das Thema Fluglärm fokussiert (MAYR 2003: 176).

4. Fallbeispiele

Die folgenden Unterkapitel verdeutlichen anhand von Fallbeispielen die Entwicklung der Strategischen Allianzen und der Low-Cost-Carrier. Als weltweit größte globale Allianz wird die Entwicklung der Star Alliance beschrieben und als Beispiel für die erfolgreiche Entwicklung eines Low-Cost-Carriers wird die irische Fluggesellschaft Ryanair herangezogen.

4.1 Star Alliance

Die Star Alliance wurde am 14. Mai 1997 als erste globale Allianz gegründet. Zu diesem Zeitpunkt zählte sie fünf Mitglieder: Lufthansa, Air Canada, SAS Thai Airways International und United Airlines. Der wirtschaftliche Wandel, basierend auf der zunehmenden Globalisierung, bot neue Möglichkeiten in der Geschäftswelt und im Tourismus. Plötzlich war es für Unternehmen möglich, auf globaler Ebene zu agieren und Geschäftsbeziehungen zwischen den Kontinenten aufzubauen. Die Star Alliance nahm diese Entwicklungen wahr und schuf ein Netzwerk, welches die neuen Entwicklungen unterstützen sollte (Star Alliance 2007: 2).

Heute agiert die Star Alliance in 162 Ländern der Erde auf 975 Flughäfen und verzeichnet jeden Tag über 18.000 Starts, wovon mehr als 17.000 Codesharing-Flüge sind (Star Alliance 2008: 2).

Aus Abbildung 5 gehen die derzeitigen Mitglieder der Allianz hervor und die Dichte des Streckennetzes wird deutlich.

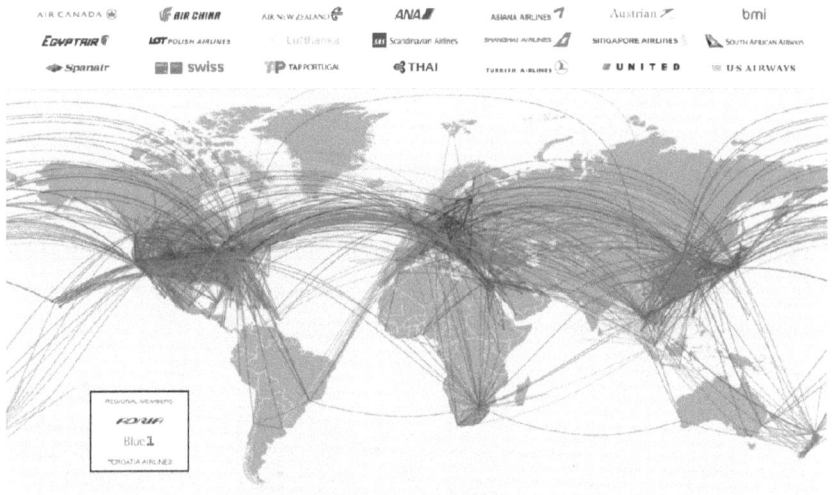

Abb. 5: Netzwerk der Star-Alliance (Star Alliance 2008: 3)

Über ein Viertel der weltweiten Flüge werden von der Star Alliance durchgeführt (Star Alliance 2007: 1).

Die derzeitigen Entwicklungen sehen so aus, dass die Allianz weiter auf Wachstumskurs ist. Für 2009 sind weitere Zutritte von Airlines geplant und somit wird sich das Streckennetz noch einmal erweitern. Immer mehr Flughäfen haben separate Star Alliance Terminals, so dass der Service für Reisende weiter erhöht wird (Star Alliance 2007: 3). Zurzeit führt StarNet, ein Netzwerksystem, die verschiedenen Computersysteme der Airlines zusammen. Die Entwicklung einer gemeinsamen IT-Plattform ist der nächste Schritt, um die Effektivität der Allianz zu verbessern (Star Alliance 2007:4).

Insgesamt zeigt sich, dass das Konzept der Star Alliance erfolgreich ist. Durch die starke Dominanz der Star Alliance wird jedoch der Wettbewerb unter den Airlines eingeschränkt und kleineren Airlines wird der Zutritt auf den Markt verhindert, was aus wettbewerbspolitischer Sicht in Zukunft Schwierigkeiten aufwerfen wird.

4.2 Ryanair

Während viele Low-Cost-Carrier nicht auf dem Markt bestehen konnten, hat die irische Airline Ryanair ein Exempel für einen erfolgreichen Billigfluganbieter statuiert.

In diesem Kapitel soll die Entwicklung von Ryanair dargestellt werden und untersucht werden, welche Eigenschaften für den Erfolg der Airline verantwortlich sind.

Ryanair wurde 1985 gegründet und hatte im ersten Jahr 51 Mitarbeiter und transportierte rund 5000 Passagiere (Ryanair 2008a). In den Anfangsjahren beschränkte sich das Netzwerk auf Irland und Großbritannien und weitete sich dann, durch die Liberalisierung der Luftverkehrsbranche begünstigt, um die Jahrtausendwende auf das kontinentale Europa aus. Zentren blieben zunächst Dublin und London-Stansted, seit 2004 operiert Ryanair auch auf dem Kontinent von verschiedenen Hauptstandorten aus (DOBRUSZKES 2006: 258 ff.).

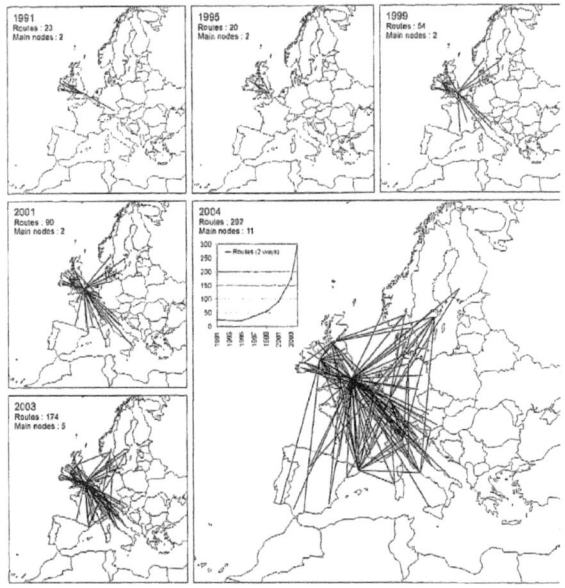

Abb. 6: Das Wachstum des Ryanair Netzwerks zwischen 1991 und 2004 (DOBRUSZKES 2006: 260)

Derzeit umfasst die Flotte von Ryanair 166 Flugzeuge vom Typ Boeing 737 und die Fluggesellschaft ist mit 6419 Starts auf 1032 Strecken in einer Januarwoche 2008 der größte europäische Low-Cost-Carrier (Ryanair 2008b; DLR & ADV 2008:7).

Die Antwort auf die Frage, warum Ryanair erfolgreicher als jeder andere Low-Cost-Carrier ist, ist einfach: Ryanair operiert mit niedrigeren Kosten als alle anderen Low-Cost-Carrier und die Ticketpreise liegen somit unter dem durchschnittlichen Ticketpreis aller Billigfluganbieter (BROPHY & ST. GEORGE 2003: 254; DLR & ADV 2008: 5).

Ryanair fliegt vorwiegend Sekundärflughäfen an, wo die Flughafengebühren niedriger sind. Städte, die über keine Sekundärflughäfen verfügen, wie zum Beispiel

Athen und Lissabon, tauchen nicht im Streckennetz von Ryanair auf. Zudem sind 93% (im Jahre 2004) der von Ryanair angebotenen Flugrouten Exklusivrouten, d.h. dass sie ausschließlich von Ryanair geflogen werden (DOBRUSZKES 2006: 259). Durch den Internetverkauf der Tickets, der 2003 bei 90% lag, spart die Airline ebenfalls Kosten ein. Zudem bietet Ryanair kein Vielfliegerprogramm an, die Flugzeuge sind um 15% enger bestuhlt und auf Service im Flugzeug wird gänzlich verzichtet, wodurch Kosten für Essen und Reinigung wegfallen. Ryanair minimiert die Turnaroundzeiten am Flughafen auf 20 Minuten und hat eine höhere tägliche Nutzung der Flieger als die Konkurrenz. Die einheitliche Flotte der Boeing 737 minimiert zudem Trainingskosten für Piloten und Instandhaltungskosten.

Ergänzende Services, wie den Snackverkauf im Flugzeug, haben 2001 11,9% des Gewinns ausgemacht (BROPHY & ST. GEORGE 2003: 251 ff.).

Es wird deutlich, dass Ryanair alle möglichen Einsparungen trifft, um die gesamte Konkurrenz in den Ticketpreisen zu unterbieten und somit den größten Marktanteil unter den Low-Cost-Carriern zu sichern. Dies birgt jedoch die Gefahr eines Imageverlustes. Wirtschaftlich gesehen ist Ryanair jedoch erfolgreich, so dass die Airline ihre Flotte bis 2012 auf 265 Flieger erweitern will und 81 Millionen Passagiere transportieren will (2008: 51 Millionen Passagiere) (Ryanair 2008c).

5. Schlussbetrachtung

Die Liberalisierung der Luftverkehrsbranche machte in den letzten Jahren zahlreiche Entwicklungen möglich, die jedoch nicht unabhängig voneinander zu betrachten sind, sondern alle untereinander verknüpft sind und aufeinander aufbauen. Zum jetzigen Zeitpunkt lassen sich folgende Trends zusammenfassen:

- Die Entwicklung des Luftverkehrs ist räumlich zu differenzieren: Ost- und Südostasien stellt den größten Wachstumsmarkt dar

- Im Zuge der Liberalisierung der Branche ist ein Open-Sky zwischen Europa und den USA der nächste Schritt; ein globaler Open-Sky ist ein langfristiges Ziel

- Die drei globalen Allianzen Star Alliance, One World und Sky Team beherrschen den Weltflugverkehr; aus wettbewerbspolitischer Sicht könnten in Zukunft Schwierigkeiten auftreten

- Hub-and-Spoke und Punkt-zu-Punkt Verbindungen werden sich parallel weiterentwickeln; Hub-and-Spoke Systeme werden verstärkt von Netzwerk-Carriern genutzt, während die Low-Cost-Carrier sich auf Punkt-zu-Punkt Verbindungen konzentrieren

- Dem Low-Cost-Carrier Markt steht die Konsolidierung bevor; Airlines mit günstigen Geschäftsmodellen, wie Ryanair, werden langfristig bestehen können

- Der Wettbewerb unter den Flughäfen und unter den Airlines wird sich weiter verstärken

- Die Emissionen von Flugzeugen, allen voran CO_2, werden kurz- bis mittelfristig in Verordnungen geregelt werden.

Die Luftverkehrsbranche wird auch in den nächsten Jahren eine Wachstumsbranche bleiben, allerdings werden vor allem aus den Bereichen Wettbewerbs- und Klimapolitik Herausforderungen auf die Branche zukommen. Diese Herausforderungen werden erneut Veränderungen mit sich bringen.

Literaturverzeichnis

BROPHY, S., ST. GEORGE, D. (2003): How Ryanair has exploited the economic theory behind airline contestability and deregulation. – Student Economic Review 17: 245-257.

DLR & ADV (2008): Low Cost Monitor 1/2008.

DOBRUSZKES, F. (2006): An analysis of European low-cost airlines and their networks. – Journal of Transport Geography 14: 249-264.

EHMER, H.J., BERSTER, P. (2002): Globale Allianzen von Fluggesellschaften und ihre Auswirkungen auf die Bundesrepublik Deutschland. – Verkehrswissenschaftliche Beiträge, Köln.

FELDHOFF, T. (2007): Neue Entwicklungstendenzen im Weltluftverkehr. – Geographische Rundschau 59 (5): 28-35.

HEYMANN, E. (2004): Überfällige Konsolidierung im Luftverkehr ante portas? – In: Deutsche Bank Research 291: 4-18, Frankfurt.

HEYMANN, E. (2006): Zukunft der Drehkreuzstrategie im Luftverkehr. – In: Deutsche Bank Research 354, Frankfurt.

MAYR, A. (2003): Editorial: Flughäfen und Luftverkehr in Deutschland. – Europa Regional 11 (4): 162-176.

NEIBERGER, C. (2003): Über den Wolken… Zur Umstrukturierung in der Luftfrachtbranche und deren räumlichen Auswirkungen. – Europa Regional 11 (4): 199-209.

NUHN, H. (2007): Globalisierung und Verkehr – weltweit vernetzte Transportsysteme. – Geographische Rundschau 59 (5): 4-12.

NUHN, H., HESSE, M. (2006): Verkehrsgeographie. – Paderborn.

OECHSLE, M. (2005): Erweiterung von Geschäftsfeldern im Non-Aviation-Bereich an europäischen Flughäfen unter besonderer Berücksichtigung des Standorts München. – München.

SAUSEN, R. (1999): Auswirkungen des Luftverkehrs auf das Klima. – Geographische Rundschau 51 (9): 483-487.

SCHEELHAASE, J. D., GRIMME, W. G. (2007): Emissions trading for international aviation – an estimation oft he economic impact on selected European airlines. – Journal of Air Transport Management 13: 253-263.

SCHREIBER, M. (2006): Low-Cost Airlines in Europa – Entwicklung eines Erklärungsrahmens, Definition und strategische Analyse: vom Low-Cost Phänomen zur Low-Cost Realität. – Lüneburg.

VON HIRSCHHAUSEN, C., BECKERS, T., CZERNY, A., MÜLLER S. (2004): Privatisierung und Regulierung der deutschen Flughäfen. – In: Deutsche Bank Research **291**: 19-28, Frankfurt.

Internetquellen:

Spiegel Online (2006): EU-Parlament will Emissionshandel für Luftverkehr. http://www.spiegel.de/reise/aktuell/0,1518,425035,00.html. 2008_10_17.

Ryanair (2008a): History of Ryanair. http://www.ryanair.com/site/DE/about.php?page=About&sec=story. 2008_10_18.

Ryanair (2008b): Ryanair Fleet. http://www.ryanair.com/site/DE/about.php?page=About&sec=fleet. 2008_10_18.

Ryanair (2008c): Quarter 1 Results – 30 June 2008. http://www.ryanair.com/site/about/invest/docs/present/quarter1_2009.pdf. 2008_10_18.

Star Alliance (2007): 10 years Star Alliance: from "The airline network for earth" to "The way the Earth connects". http://www.staralliance.de/int/press/facts_figures/star_backgrounder_history.pdf. 2008_10_19.

Star Alliance (2008): Network Facts and Figures July 2008. http://www.staralliance.de/de/press/facts_figures/index.html. 2008_10_19.

Abbildungsverzeichnis:

Abbildung 1: SCHEELHAASE, J. D., GRIMME, W. G. (2007): Emissions trading for international aviation – an estimation oft he economic impact on selected European airlines. – Journal of Air Transport Management **13**: 253-263.

Abbildung 2: NUHN, H., HESSE, M. (2006): Verkehrsgeographie. – Paderborn.

Abbildung 3 und Abbildung 5: Star Alliance (2008): Network Facts and Figures July 2008. http://www.staralliance.de/de/press/facts_figures/index.html. 2008_10_19.

Abbildung 4 und Abbildung 6: DOBRUSZKES, F. (2006): An analysis of European low-cost airlines and their networks. – Journal of Transport Geography **14**: 249-264.